ナンプレ超難問 熱闘編

スカイネットコーポレーション

日本文芸社

ナンプレ超難問 熱闘編

目次

ナンバープレイスのルールと解き方 ・・・・・・・・・・・・・・ 3

問題
レベル3（Q1〜Q12）・・・・・・・・・・・・・・・・・・・・・・ 8
　Xナンバープレイス（Q13、Q14）・・・・・・・・・・・・ 20
レベル4（Q15〜Q38）・・・・・・・・・・・・・・・・・・・・ 22
　Xナンバープレイス（Q39、Q40）・・・・・・・・・・・・ 46
レベル5（Q41〜Q64）・・・・・・・・・・・・・・・・・・・・ 48
　Xナンバープレイス（Q65、Q66）・・・・・・・・・・・・ 72
レベル6（Q67〜Q90）・・・・・・・・・・・・・・・・・・・・ 74
　Xナンバープレイス（Q91、Q92）・・・・・・・・・・・・ 98
レベル7（Q93〜Q105）・・・・・・・・・・・・・・・・・・・100

解答 ・・・・・・・・・・・・・・・・・・・・・・・・・・・・・・・・・113

【難易度について】

本書は、レベル3（中級）以上で構成された難問ナンバープレイスです。問題番号の下のマークの数が難易度を表し、数が多くなるほど難度が高くなります。

　　　レベル3　　★★★☆☆☆
　　　レベル4　　★★★★☆☆
　　　レベル5　　★★★★★☆
　　　レベル6　　★★★★★★☆
　　　レベル7　　★★★★★★★

ナンバープレイスの ルール と 解き方

ナンバープレイスの基本ルール

①タテ9列、ヨコ9列のそれぞれに1から9の数字がひとつずつ入ります。
②3×3の太い線で囲まれたワクの中にも、1から9の数字がひとつずつ入ります。
③上記①②いずれの場合も、同じ数字は2回使いません。

ナンバープレイスの解き方

例題

	5	1	6	2		4	3	
9			3		8			5
2								1
	9			4			5	
			8		6	2		4
	2			9			7	
7								9
1			2		3			8
	3	5				7	4	

では、実際に例題を解いてみましょう。問題をじっと見て、入る数字の確定できそうなところを探します。
　数字の9に注目してみると、中段の左ふたつの3×3のマスには、それぞれ9が入っています。自動的に中段右端の3×3のマスでは、9の入るマスが限定されますね（※1）。

タテ、ヨコ9列には、1から9の数字がひとつずつ入るというルール①を思い出してください。

一番上の列の方に注目していくと、図1のように8を書き込むことができます。(※2)

同じようにして、書き込める数字が何か所かできてますね。(図1の丸囲みの数字)

⑧	5	1	6	2		4	3	
9			3		8			5
2		3						1
	9			4			5	
	①		8	③	6	2	⑨	4
	2			9			7	
7						3		9
1			2	⑦	3			8
	3	5				7	4	

※2は上部1行目1列目を指す
※1は5行目9列目付近を指す

図1

必ず次々と限定できるマスがでてきますから、タテの列、ヨコの列、またルール②の3×3のワク内と3つのポイントに視線を配りながら探していきましょう。

迷ったときには、ひとつの数字に注目してみることも大事なポイントです。

完成すると図2のようになります。

図2

8	5	1	6	2	9	4	3	7
9	7	4	3	1	8	6	2	5
2	6	3	4	5	7	9	8	1
3	9	8	7	4	2	1	5	6
5	1	7	8	3	6	2	9	4
4	2	6	1	9	5	8	7	3
7	8	2	5	6	4	3	1	9
1	4	9	2	7	3	5	6	8
6	3	5	9	8	1	7	4	2

Xナンバープレイスの解き方

1								3
	2						1	
		3				2		
			4		9			
				5				
			7		6			
		4				7		
	6						8	
8								9

図3

ナンバープレイスのルールに加えて、図3のように対角線上にも1から9の数字が並ぶナンバープレイスです。このこともヒントにしながら解きすすめていきます。

（本書のQ13、Q14、Q39、Q40、Q65、Q66、Q91、Q92）

問題

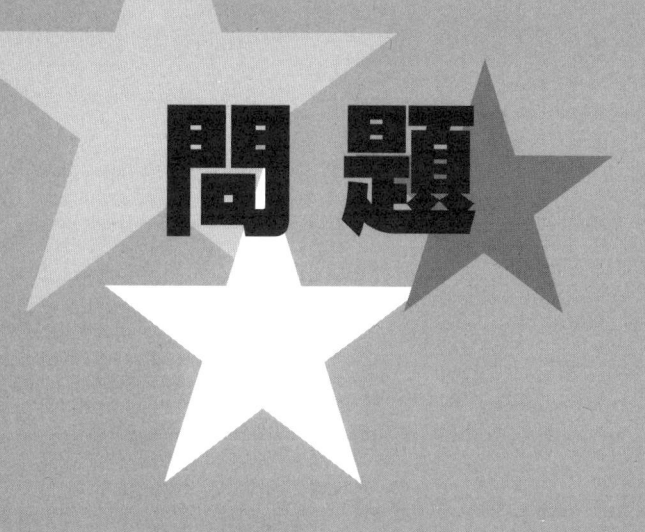

QUESTION

1

NUMBER PLACE

★★★☆☆☆☆

		7			4			3
8	4				6		7	
		1	5				2	
	5			4		1		7
			6		1			
	6			3		8		2
		5	1				8	
9	7				2		1	
		6			7			9

解答◆114ページ

CHECK!	1	2	3	4	5	6	7	8	9

★★★☆☆☆☆

		3	7			8	2	5
	7			8		6		
2	8			5			1	
			3		9	4		
		8	5		4			
	3			4			8	6
		4		2			3	
5	2	9			8	1		

解答◆114ページ

CHECK!	1	2	3	4	5	6	7	8	9

QUESTION

3

NUMBER PLACE

★★★☆☆☆☆

	7		8		4		9	
4						3		
		5	3		9			8
			9	6			2	
5				2		9		4
			4	3			8	
		6	2		3			1
9						2		
	5		1		7		4	

解答◆114ページ

CHECK!	1	2	3	4	5	6	7	8	9

QUESTION

4

NUMBER PLACE

★★★☆☆☆☆

		1		7		4		
8			1	5	3		2	
	7					3		
	1		4		6			9
	9						6	
5			7		9		8	
		5					4	
	8		3	1	5			2
		7		4		1		

解答◆114ページ

CHECK!	1	2	3	4	5	6	7	8	9

QUESTION

5

NUMBER PLACE

★★★☆☆☆☆

		1	5			9	6	
				6				7
	7	4				5		1
8			3	1		4		
		3					9	
2			4	9		3		
	6	9				7		3
				4				9
		8	2			1	4	

解答◆114ページ

	1	2	3	4	5	6	7	8	9
CHECK!									

LEVEL 3

QUESTION
6
NUMBER PLACE

★★★☆☆☆☆

		3		8		1	9	
7		4			3			
			9		4		2	
	4	1		2				
5			3		6			8
				4		7	6	
	6		1		9			
			8			9		5
	2	9		3		6		

解答◆114ページ

CHECK!	1	2	3	4	5	6	7	8	9

QUESTION

7

NUMBER PLACE

★★★☆☆☆☆

			6		7			
	1	8				4	7	
5		9		4		3		6
				7				
	3	4		1		8	6	
2			3		8			1
				3				
8			1		5			9
		2	9		4	5		

解答◆114ページ

CHECK!	1	2	3	4	5	6	7	8	9

QUESTION

8

NUMBER PLACE

★★★☆☆☆☆

		3		4		6		
4			5				7	1
				8		4		
5		8			4		1	
	4		9			3		7
7		9			2		4	
				7		2		
8			6				9	3
		2		3		1		

解答◆115ページ

CHECK!	1	2	3	4	5	6	7	8	9

QUESTION

9

NUMBER PLACE

★★★☆☆☆☆

			9			3		
		7			1		6	
	4			3		1	9	5
4				1	5			8
		2				9		
1			8	6				7
8	9	5		2			4	
	1		6			2		
		6			8			

解答◆115ページ

CHECK!	1	2	3	4	5	6	7	8	9

QUESTION

10

NUMBER PLACE

★★★☆☆☆☆

				3				
3	8			4			2	6
	2		6		8		9	
		4		5		3		
	5		8		1		7	
				2				
8		5				6		4
	9		3	1	4		8	
		2		8		7		

解答◆115ページ

CHECK!	1	2	3	4	5	6	7	8	9

QUESTION

11

NUMBER PLACE

★★★☆☆☆☆

				8		7	4	
7		5				3		6
	3	2			1			
			8	1			6	
9			3			5		7
			4	5			3	
	2	4			8			
3		9				8		4
				9		6	2	

解答◆115ページ

CHECK!	1	2	3	4	5	6	7	8	9

4	3			7			8	
5			3	4		6		
		8			2		3	
	8		6					5
	9						4	
3					9		7	
	2		4			8		
		5		3	7			1
	1			9			2	4

解答◆115ページ

CHECK!	1	2	3	4	5	6	7	8	9

Xナンバープレイス

QUESTION
13
NUMBER PLACE

★★★☆☆☆☆

		9	5					2
		6	1				9	3
3	1				2	6		
7					1	4		
4			8					
9					7	8		
1	9				8	2		
		3	2				1	7
		2	7					9

解答◆115ページ

CHECK!	1	2	3	4	5	6	7	8	9

Xナンバープレイス

QUESTION
14
NUMBER PLACE

LEVEL 3

★★★☆☆☆☆

		2	4		5	8		
	8	7				2	6	
			8		7			
2			9		8			7
		4				3		
	3	6				5	8	
3	5						1	8
			7		3			
		8	5		9	4		

解答◆115ページ

CHECK!	1	2	3	4	5	6	7	8	9

QUESTION

15

NUMBER PLACE

★★★★☆☆☆

	3	1			9	8		
				7		1		2
7	2			1			4	
		9			4		3	
8								4
	1		3			6		
	7			5			1	6
9		5		6				
		6	7			5	9	

解答◆116ページ

	1	2	3	4	5	6	7	8	9
CHECK!									

QUESTION

16

NUMBER PLACE

LEVEL 4

★★★★☆☆☆

		3		2		7		
		6		4		2		
	5						3	
5				8				1
4	2			1			6	7
		1	4		9	5		
	4		9		7		1	
	7						9	
	1	8				6	7	

解答◆116ページ

CHECK!	1	2	3	4	5	6	7	8	9

QUESTION

17

NUMBER PLACE

★★★★☆☆☆

	5		1	6	2		3	
				3				
		9	7		5	2		
8			4		7			5
6		7				4		9
2			6		1			7
		2				6		
		4		1		7		
9				7				2

解答◆116ページ

CHECK!	1	2	3	4	5	6	7	8	9

QUESTION

18

NUMBER PLACE

★★★★☆☆☆

7	9						5	3
	6	5				2	7	
				6				
6				7				2
5		3				7		8
	2		8		4		1	
	7						2	
		6	1		9	3		
	3	9				4	6	

解答◆116ページ

	1	2	3	4	5	6	7	8	9
CHECK!									

QUESTION

19

NUMBER PLACE

★★★★☆☆☆

	9		3			8		
		6		1			2	
4		3			6	7		5
						9		4
3	6		4		1			
						1		7
5		4			8	2		1
		8		9			7	
	3		7			6		

解答◆116ページ

	1	2	3	4	5	6	7	8	9
CHECK!									

QUESTION
20
NUMBER PLACE

LEVEL 4

★★★★☆☆☆

	3	2			7	4		
				4				
8	4	5			2		1	
				5		9		
3	9		1		8		2	4
		6		2				
	6		2			8	7	1
				7				
		9	6			2	5	

解答◆116ページ

	1	2	3	4	5	6	7	8	9
CHECK!									

QUESTION

21

NUMBER PLACE

★★★★☆☆☆

			8		5	7		
					6		4	
3	4	7		1		8		
				3				5
2	8	1				3	6	4
9				2				
		4		8		5	9	1
	3		7					
		9	4		1			

解答◆116ページ

CHECK!	1	2	3	4	5	6	7	8	9

LEVEL 4

★★★★☆☆☆

	6	5		1				7
3				5		4		
	7				3		1	
6			8				7	9
		7			4			
2			7				3	4
	2				1		4	
7				2		9		
	8	4		7				2

解答◆117ページ

CHECK! | 1 | 2 | 3 | 4 | 5 | 6 | 7 | 8 | 9 |

QUESTION

23

NUMBER PLACE

★★★★☆☆☆

		9					7	
8				6		2		
2		3	5				8	1
	8			1		5	2	
			4		5			
	5	4		8			6	
9	3				6	8		2
		8		5				7
	2					1		

解答◆117ページ

CHECK!	1	2	3	4	5	6	7	8	9

QUESTION
24
NUMBER PLACE

LEVEL 4

★★★★☆☆☆

				6				7
7	5					4		6
4				3	7	2	1	
			7				8	
	7	1	9	4				
			2				7	
3				1	4	7	5	
5	4					6		1
				7				3

解答◆117ページ

CHECK!	1	2	3	4	5	6	7	8	9

QUESTION

25

NUMBER PLACE

★★★★☆☆☆

	6	4						7
			1	6	7			4
3		7			4	8		
					5	9	4	
	2						7	
	3	5	7					
		3	2			7		1
7			4	8	3			
2						4	9	

解答◆117ページ

CHECK!	1	2	3	4	5	6	7	8	9

QUESTION
26
NUMBER PLACE

LEVEL 4

★★★★☆☆☆

		7	3		4			
	3	4				2	7	
6			7		2			1
		3				1		
1	5			4			8	
		6				5		
5			6		7			3
	7	8				9	1	
		9	4		8			

解答◆117ページ

CHECK!	1	2	3	4	5	6	7	8	9

QUESTION 27 NUMBER PLACE

★★★★☆☆☆

4		7		5			2	
		6			1	7		8
	8				7	3	1	
			9		6			
3								6
			5		3			
	6				5	4	7	
		2			9	5		1
7		1		2			9	

解答◆117ページ

CHECK!	1	2	3	4	5	6	7	8	9

QUESTION
28
NUMBER PLACE

LEVEL 4

★★★★☆☆☆

		7				6		
	9		6		3		4	
		2		5		3		
7		4	2		8	9		1
	2			4			3	
				9				
	8						6	
9		1	3		5	4		8
	4			2			9	

解答◆117ページ

CHECK!	1	2	3	4	5	6	7	8	9

QUESTION

29

NUMBER PLACE

★★★★☆☆☆

		5	4		8			7
3			9					5
	4			3		8	6	
		3		9	2			
		1				9		
		6		4	1			
	3			5		2	8	
9			1					6
		4	3		7			9

解答◆117ページ

CHECK!	1	2	3	4	5	6	7	8	9

QUESTION 30

LEVEL 4

★★★★☆☆☆

5	7		3			6		
8	4				1		9	
			8	6			1	
		8				9		
	1		4		6		7	
		3				4		
	8			4	3			
	2		1				3	9
		7			2		5	4

解答◆118ページ

CHECK!	1	2	3	4	5	6	7	8	9

QUESTION 31

★★★★☆☆☆

			1		6			
4			8		5			2
	5	7				4	1	
	1						8	
		3		6		5		
			9		8			
	8	4		2		9	7	
2	7						4	3
	3	9				2	5	

解答◆118ページ

CHECK! | 1 | 2 | 3 | 4 | 5 | 6 | 7 | 8 | 9 |

QUESTION

32

NUMBER PLACE

LEVEL 4

★★★★☆☆☆

7			6			3		
	5				7	8	4	
4			3			9		
		7	5				1	3
				4	9			
		2	7				9	5
3			2			5		
	7				3	1	6	
2			4			7		

解答◆118ページ

CHECK!	1	2	3	4	5	6	7	8	9

QUESTION

33

NUMBER PLACE

★★★★☆☆☆

	3			2	5	8		
	8			6				2
		2					7	
		4	2		8	1		6
2				9				
		8	4		7	2		9
		5					2	
	2			8				4
	4			5	2	9		

解答◆118ページ

CHECK!	1	2	3	4	5	6	7	8	9

QUESTION

34

NUMBER PLACE

LEVEL 4

★★★★☆☆☆

		2	8			7	1	
	1		3					4
5		4			1		6	
				6		9		
	9		4			1		7
				1		8		
2		1			3		9	
	4		5					1
		8	1			4	7	

解答◆118ページ

CHECK!	1	2	3	4	5	6	7	8	9

QUESTION

35

NUMBER PLACE

★★★★☆☆☆

			1		2			
	8						3	
7		3	4		5	9		1
		9		2		4		
8				6				7
	4						9	
3	9		5		6		4	2
	6	5				3	7	
			3		9			

解答◆118ページ

CHECK!	1	2	3	4	5	6	7	8	9

QUESTION

36

NUMBER PLACE

LEVEL 4

★★★★☆☆☆

	7				9		4	
	4				2		6	
8			3			1		7
			9	2	5		1	
	9						5	
	5		1	3	6			
7		9			3			6
	8		4				7	
	6		2				3	

解答◆118ページ

CHECK!	1	2	3	4	5	6	7	8	9

QUESTION

37

NUMBER PLACE

★★★★☆☆☆

		2		7		8		
	3		6		4		7	
6				9				5
		3		4		1		
	9		7		3		2	
		4	5		1	3		
		5		3		6		
8		7				9		3
			4		8			

解答◆118ページ

	1	2	3	4	5	6	7	8	9
CHECK!									

QUESTION

38

NUMBER PLACE

LEVEL 4

★★★★☆☆☆

	6		3		4	7		
7				2			1	
2		3			1			
		9		6		4		
4			2		9			5
		5		7		9		
8		7			2			
3				8			4	
	4		1		6	8		

解答◆119ページ

CHECK!	1	2	3	4	5	6	7	8	9

Xナンバープレイス

QUESTION
39
NUMBER PLACE

★★★★☆☆☆

9	6						1	2
	1		5		2		8	
		8	3		6	4		
		7	2		1	5		
1			9		7			8
	8						7	
	3						2	
				2				
		2	1	7	9	8		

解答◆119ページ

CHECK!	1	2	3	4	5	6	7	8	9

Xナンバープレイス

QUESTION 40

LEVEL 4

★★★★☆☆☆

	3	6			2			
		1	4		9	2		
			1			8		3
		2			1			4
3	5						1	2
1			2			9		
2		3			4			
		8	3		6	4		
			8			3	9	

解答◆119ページ

CHECK! | 1 | 2 | 3 | 4 | 5 | 6 | 7 | 8 | 9 |

QUESTION

41

NUMBER PLACE

★★★★★☆☆

			9		2			
	5		4		8		2	
				1				
	7			2			8	
5			6		7			1
	9	3		4		7	6	
2	4			5			1	3
		9		8		5		
	1			6			7	

解答◆119ページ

CHECK!	1	2	3	4	5	6	7	8	9

QUESTION 42

LEVEL 5

★★★★★☆☆

	7			1				
3		8	7		6	5		
				3			9	
7		3				4		8
	2		5		4		3	
5		4				1		9
	5			6				
		2	9		7	3		4
				2			8	

解答◆119ページ

CHECK!	1	2	3	4	5	6	7	8	9

QUESTION 43
NUMBER PLACE

★★★★★☆☆

			9		6			
	6						4	
			2	1	7			
6			7		9			4
	4	2				9	3	
9		3		2		5		7
2		8				4		5
	9		8		1		2	
		6				1		

解答◆119ページ

CHECK!	1	2	3	4	5	6	7	8	9

QUESTION

44

NUMBER PLACE

LEVEL 5

★★★★★☆☆

			1	3	9			
		3		4		1		
	4						7	
		4	2		3	7		
2		8		7		4		1
		7				6		
4		5		6		9		7
	8						1	
	9		4		5		2	

解答◆119ページ

CHECK!	1	2	3	4	5	6	7	8	9

QUESTION

45

NUMBER PLACE

★★★★★☆☆

			4		3			
		7	6			5	3	
4	5				7			1
				8		4		2
	4	2				9	1	
6		1		2				
7			8				4	3
	8	4			1	7		
			7		9			

解答◆120ページ

CHECK!	1	2	3	4	5	6	7	8	9

QUESTION
46
NUMBER PLACE

LEVEL 5

★★★★★☆☆

	9	3					2	
1				7			6	9
7			9	6				
		9	1		5	8		
	4						9	
		1	6		9	3		
				1	6			5
3	6			9				4
	1					6	3	

解答◆120ページ

CHECK!	1	2	3	4	5	6	7	8	9

QUESTION 47 NUMBER PLACE

★★★★★☆☆

				3				
4	3		7		5		6	2
6				2				5
5								8
7				8				1
		9	5		7	2		
		2	3		4	7		
	7						5	
3	6						2	9

解答◆120ページ

CHECK!	1	2	3	4	5	6	7	8	9

QUESTION 48

★★★★★★★★

				7	8	4	1	
6					4			8
		8					3	
		3	8				9	2
		2		5		8		
4	8				3	5		
	3					1		
8			4					5
	2	4	3	8				

LEVEL 5

解答◆120ページ

CHECK! | 1 | 2 | 3 | 4 | 5 | 6 | 7 | 8 | 9 |

QUESTION

49

NUMBER PLACE

★★★★★☆☆

5	6					9		
		1		3			5	
9					5		8	3
			9				7	
		9	5	4	1	2		
	1				2			
2	9		7					5
	5			9		1		
		6					9	4

解答◆120ページ

	1	2	3	4	5	6	7	8	9
CHECK!									

QUESTION 50

★★★★★★★

	5					4		
1		4				6		9
		9		5		1		
3	8			9			7	4
9			8		2			6
2			6		3			5
			9		1			
		3				9		
	9			3			2	

解答◆120ページ

CHECK!	1	2	3	4	5	6	7	8	9

LEVEL 5

QUESTION

51

NUMBER PLACE

★★★★★☆☆

		9				7		
			3		7			
7	4						5	2
			5		2			
	5	3	7		6	2	4	
	7						1	
	1			5			7	
5			8		3			4
	3	7				5	9	

解答◆120ページ

	1	2	3	4	5	6	7	8	9
CHECK!									

QUESTION

52

NUMBER PLACE

LEVEL 5

★★★★★☆☆

	5					7		
			6		9			8
	7		2	3	5		1	9
		9	7			8		
						6		
		3	4			1		
	4		3	2	6		7	5
			5		8			1
	3					2		

解答◆120ページ

CHECK!	1	2	3	4	5	6	7	8	9

QUESTION

53

NUMBER PLACE

★★★★★☆☆

		5	7	6				
							7	
	7			2		1	5	4
2					7			8
6	5	7	2	4				
3					5			7
	2			7		3	8	5
							1	
		3	9	5				

解答◆121ページ

CHECK!	1	2	3	4	5	6	7	8	9

QUESTION 54

LEVEL 5

★★★★★☆☆

6					2			4
			3	4			8	
		4	8			7		
			2		4	5	3	
4	9							8
			7		9	4	1	
		1	4			8		
			1	2			4	
8					7			2

解答◆121ページ

CHECK!	1	2	3	4	5	6	7	8	9

QUESTION 55 NUMBER PLACE

★★★★★★★

			6	4	7			
			2		5			
7	4						5	3
	6						9	
	7						1	
	3	8				2	7	
			3		6			
9		6	7		2	4		1
3			4		1			9

解答◆121ページ

CHECK!	1	2	3	4	5	6	7	8	9

QUESTION 56

NUMBER PLACE

LEVEL 5

★★★★★☆☆

		3	8	6				
		2	7					
	8	6	2	4		1	3	
					5		9	
		4		1		8		
	2		6					
	6	8		9	4	2	1	
					2	9		
				8	6	4		

解答◆121ページ

CHECK!	1	2	3	4	5	6	7	8	9

QUESTION 57 NUMBER PLACE

★★★★★☆☆

	9	1					6	4	
4			5		9			2
		5				3		
	4						2	
	7		9		8		3	
		9	4		6	1		
		3		4		9		
	1						8	
7				9				3

解答◆121ページ

CHECK! | 1 | 2 | 3 | 4 | 5 | 6 | 7 | 8 | 9 |

QUESTION 58

LEVEL 5

★★★★★☆☆

	6			2				
	8			7	9	3	2	
	3			4			9	5
	2	9	4					
					8	1	3	
1	5			8			4	
	4	8	2	5			6	
				3			8	

解答◆121ページ

CHECK! | 1 | 2 | 3 | 4 | 5 | 6 | 7 | 8 | 9 |

QUESTION

59

NUMBER PLACE

★★★★★☆☆

	6			2				7
			1					
			5		7	8	3	
		7	2		3	9		
9	2						7	4
		4	7		5	2		
	7	5	4		6			
					2			
1				5			2	

解答◆121ページ

CHECK!	1	2	3	4	5	6	7	8	9

QUESTION

60

NUMBER PLACE

LEVEL 5

★★★★★☆☆

		3				8	7	
			1	4	7			2
		7			2			9
					4		5	
	4	6				7	2	
	9		7					
7			2			6		
8			6	3	5			
	5	2				1		

解答◆121ページ

CHECK!	1	2	3	4	5	6	7	8	9

QUESTION

61

NUMBER PLACE

★★★★★☆☆

	6		1	9		2		
		7		5			9	6
					2		8	
					3		7	
3	2			4			5	1
	4		9					
	5		4					
4	9			2		5		
		8		3	9		2	

解答◆122ページ

CHECK!	1	2	3	4	5	6	7	8	9

QUESTION 62

LEVEL 5

★★★★★☆☆

4			5		7			8
	3						6	
		8				1		
	4			9			8	
	8	2		4		7	1	
			8		1			
1			4		3			7
3				8				2
	5	4				6	3	

解答◆122ページ

CHECK!	1	2	3	4	5	6	7	8	9

QUESTION 63
NUMBER PLACE

★★★★★★★

			5		9			
4	9	1				6	3	5
	5	3				9	8	
3			9		8			4
1				4				2
		2				7		
	3						4	
9			4		3			8
	1						7	

解答◆122ページ

CHECK! | 1 | 2 | 3 | 4 | 5 | 6 | 7 | 8 | 9 |

QUESTION 64

LEVEL 5

★★★★★☆☆

	6		7					
		8					9	
	3				8	2	6	1
3					5			9
4			3	1	6			8
1			8					6
8	1	5	4				3	
	4					8		
					7		1	

解答◆122ページ

CHECK!	1	2	3	4	5	6	7	8	9

×ナンバープレイス

QUESTION 65
NUMBER PLACE

★★★★★★★

		7	5					
		6	1	2				3
	1				6	8		9
5	7				1		3	
1	3				2		8	
	2				9	1		4
		9	8	1				5
		1	2					

解答◆122ページ

CHECK! | 1 | 2 | 3 | 4 | 5 | 6 | 7 | 8 | 9 |

✕ナンバープレイス

QUESTION 66

★★★★★☆☆

LEVEL 5

	8	5			1			
		1	6		8	9		
			2			1	8	
					9		1	8
2								9
8	7		3					
	9	2			3			
		8	1		7	2		
			9			8	6	

解答◆122ページ

CHECK! | 1 | 2 | 3 | 4 | 5 | 6 | 7 | 8 | 9 |

QUESTION

67

NUMBER PLACE

★★★★★★☆

	1	6	7			2		
9	4	7					6	
	5				1		8	
					5			8
4				9				1
6			1					
	3		9				1	
	6					9	4	7
		1			8	3	2	

解答◆122ページ

	1	2	3	4	5	6	7	8	9
CHECK!									

QUESTION 68

LEVEL 6

★★★★★★☆

3	2	5					7	
		7		6			2	1
			7			3		
	7				9	8		
			4	2				6
	1				5	7		
			2			4		
		4		7			3	8
8	5	2					6	

解答◆123ページ

CHECK!	1	2	3	4	5	6	7	8	9

QUESTION

69

NUMBER PLACE

★★★★★★☆

				8				4
	6	8		7	4			2
		2			5	1		
	2	3						
	8	6		5		9	1	
						2	7	
		4	3			8		
8			7	2		4	9	
2				4				

解答◆123ページ

CHECK!	1	2	3	4	5	6	7	8	9

QUESTION

70

NUMBER PLACE

LEVEL 6

★★★★★★☆

			2		3			
	4			8			6	
				7				
		9	8		5	7		
	8		3		1		5	
	5			9			1	
8			5		2			4
	2	3		4		5	8	
		5		1		9		

解答◆123ページ

CHECK!	1	2	3	4	5	6	7	8	9

QUESTION

71

NUMBER PLACE

★★★★★★☆

		3		2		5		
	2		4			6	7	
	5				7			2
			2	5				1
2		9			8			
			7	6				8
	7				2			5
	4		5			2	9	
		2		7		4		

解答◆123ページ

CHECK!	1	2	3	4	5	6	7	8	9

QUESTION 72

NUMBER PLACE

LEVEL 6

★★★★★★☆

	4			7			1	
				5				
	7			3			4	
		7	3		8	6		
		9				7		
2		6				4		8
7			2		3			4
	3		4		7		2	
	2	4				3	7	

解答◆123ページ

CHECK!	1	2	3	4	5	6	7	8	9

QUESTION 73 NUMBER PLACE

★★★★★★★

		4	8		2	6		
			3		4			
				5				
	8			1			2	
	2	9				7	8	
			5	2	8			
6	5						1	7
4	3		2		7		5	8
		8				2		

解答◆123ページ

CHECK! | 1 | 2 | 3 | 4 | 5 | 6 | 7 | 8 | 9 |

QUESTION

74

NUMBER PLACE

LEVEL 6

★★★★★★☆

					9	7		
			6					4
3	5		4				8	9
	4			9		2		
	9	2	3	1			4	
	1			6		9		
4	3		1				9	2
			9					5
					8	4		

解答◆123ページ

CHECK!	1	2	3	4	5	6	7	8	9

QUESTION 75
NUMBER PLACE

★★★★★★★

		6				8	4	1
4			2	9				
	7	3		4	1			2
					5			
	1						3	
			7					
9			4	1		5	6	
				7	9			8
1	4	7				3		

解答◆123ページ

CHECK!	1	2	3	4	5	6	7	8	9

QUESTION

76

NUMBER PLACE

LEVEL 6

★★★★★★★

		6	4			3		
			7		3	2	4	8
					8		1	
					5		9	
4	1						8	7
	3		8					
	8		1					
5	4	1	3		6			
		3			4	8		

解答◆124ページ

CHECK!	1	2	3	4	5	6	7	8	9

QUESTION 77 NUMBER PLACE

★★★★★★★

		5		9				
	3	4				6	9	
			4					
9			4		8			1
	1		9		2		6	
	4	2				9	7	
		1				4		
7	9						3	2
	5			9		1		

解答◆124ページ

CHECK!	1	2	3	4	5	6	7	8	9

QUESTION 78

LEVEL 6

★★★★★★★☆

2	5		6					9
	6				9		3	
	9		3		4	1		
		9		7				
						8		5
		4		9				
	3		9		5	2		
	2				6		7	
9	4		2					1

解答◆124ページ

CHECK!	1	2	3	4	5	6	7	8	9

QUESTION
79
NUMBER PLACE

★★★★★★☆

					1	7	2	
		6			7	9	8	
8	7	3	4				6	
		4		5				
				2		8		
	3				4	2	1	5
	9	2	8			4		
	4	7	2					

解答◆124ページ

	1	2	3	4	5	6	7	8	9
CHECK!									

QUESTION 80

NUMBER PLACE

LEVEL 6

★★★★★★☆

	3						4	
4		8		5		6		1
				2				
2			8		1			5
		9				7		
	8		2		7		9	
8	2						1	4
			4		8			
		4	6		2	8		

解答◆124ページ

CHECK!	1	2	3	4	5	6	7	8	9

QUESTION 81 NUMBER PLACE

★★★★★★★

	6	5	7				2	1
	7					8		
					3		7	
7		2		9				3
					7	4		
4		1		5				7
					5		3	
	2					7		
	5	7	4				1	6

解答◆124ページ

CHECK! | 1 | 2 | 3 | 4 | 5 | 6 | 7 | 8 | 9 |

QUESTION

82

NUMBER PLACE

★★★★★★★

LEVEL 6

						8	7	
	6				7			
7		4		1	3			5
		3	7				9	1
	2						5	
4	7				5	3		
3			2	7		4		9
			4				3	
	4	6						

解答◆124ページ

CHECK!	1	2	3	4	5	6	7	8	9

QUESTION 83
NUMBER PLACE

★★★★★★★★☆

	6							5
				1	5	8		
5			7			2		
	7	5	2			3	9	
	4						5	
	3	2			8	7	6	
		3			7			9
		7	5	3				
6							3	

解答◆124ページ

CHECK! | 1 | 2 | 3 | 4 | 5 | 6 | 7 | 8 | 9 |

QUESTION 84

LEVEL 6

★★★★★★☆

			3				4	
		5	4			7	1	2
	4			9			3	
4					6			8
			9			4		
1					4			7
	9			4			2	
		4	2			9	8	1
			1				7	

解答◆125ページ

CHECK!	1	2	3	4	5	6	7	8	9

QUESTION

85

NUMBER PLACE

★★★★★★☆

		5	3					
		4	6				7	
	7				4	1	9	
7				9				1
			7	4	2		8	
2				3				6
	3				7	4	2	
		7	4				3	
		2	5					

解答◆125ページ

CHECK!	1	2	3	4	5	6	7	8	9

QUESTION
86
NUMBER PLACE

LEVEL 6

★★★★★★☆

	2						4	
4		7				6		1
				5				
			7	4	9			
3	1			8			7	4
	7	4		3		9	2	
		3				7		
		5				4		
7			4		1			3

解答◆125ページ

CHECK!	1	2	3	4	5	6	7	8	9

QUESTION 87 NUMBER PLACE

★★★★★★★

		1				6		
	4	5		3	8			
		4		2				
5	9						4	8
4	3						7	1
8				2				3
			8	4	9			
		3				4		
	4	8				7	1	

解答◆125ページ

CHECK! | 1 | 2 | 3 | 4 | 5 | 6 | 7 | 8 | 9 |

QUESTION

88

NUMBER PLACE

LEVEL 6

★★★★★★☆

	5				7			
	7		6	3			4	8
						1		
		2			9	8		7
3			4	7			5	
		7			2	4		3
						7		
	3		7	4			2	5
	4				3			

解答◆125ページ

CHECK!	1	2	3	4	5	6	7	8	9

QUESTION

89

NUMBER PLACE

★★★★★★☆

		8					7	3
7	3		6			5		
			3	7		2	1	
					9			1
	4			3				
					6			7
			7	5		3	9	
8	5		4			7		
		3					5	4

解答◆125ページ

	1	2	3	4	5	6	7	8	9
CHECK!									

QUESTION

90

NUMBER PLACE

★★★★★★☆

LEVEL 6

	6					7		
				1	4		8	
	3			7				9
	7	2	3			5		4
	4						3	
5		3			6	2	7	
3				4			2	
	5		7	3				
		7					9	

解答◆125ページ

CHECK!	1	2	3	4	5	6	7	8	9

Xナンバープレイス

QUESTION 91 NUMBER PLACE

★★★★★★☆

		6	5		2	1		
	1	2				8	7	
		7		9		3		
	2	1		8		7	5	
	5						9	
2	9		6		7		1	8
1			8		9			7

解答◆125ページ

CHECK!	1	2	3	4	5	6	7	8	9

Xナンバープレイス

QUESTION 92

LEVEL 6

★★★★★★☆

			6				5	2
		2	3			7	1	
	1	7				9		
		1			8			
2				3			7	8
		8			6			
	7	5				8		
		9	1			5	2	
			8				9	1

解答◆126ページ

CHECK!	1	2	3	4	5	6	7	8	9

QUESTION

93

NUMBER PLACE

★★★★★★★

						8		
		6	8			1		
		8	7	1	4	2		
					6			9
6	4		3		5		8	2
9			4					
		3	2	5	8	4		
		2			1	9		
		4						

解答◆126ページ

CHECK!	1	2	3	4	5	6	7	8	9

QUESTION 94 NUMBER PLACE

★★★★★★★

LEVEL 7

4								
	2	9		1				3
	1	6		7	3		8	
1			4			9		
3								5
		4			5			7
	3		6	4		1	5	
9				3		8	7	
								9

解答◆126ページ

CHECK! | 1 | 2 | 3 | 4 | 5 | 6 | 7 | 8 | 9 |

QUESTION
95
NUMBER PLACE

★★★★★★★

3	5		6				7	
		7			2	8		
					7			6
	7	4					1	
			3	9		7		4
	3	5					9	
					3			1
		2			4	3		
6	4		7				2	

解答◆126ページ

CHECK!	1	2	3	4	5	6	7	8	9

QUESTION 96

★★★★★★★

8		4				5		1
5	6	1				3	7	8
			6		7			
			4		8			
	8	2				6	1	
1		9		3		8		5
		8		4		1		
		3				4		

LEVEL 7

解答◆126ページ

CHECK! | 1 | 2 | 3 | 4 | 5 | 6 | 7 | 8 | 9 |

QUESTION 97 NUMBER PLACE

★★★★★★★★

				3				
	3	6	1	7				
7	2			8		9		
					4	5	6	2
		4				7		
2	6	7	8					
		3		2			7	4
				4	1	2	9	
				5				

解答◆126ページ

QUESTION 98

NUMBER PLACE

★★★★★★★

LEVEL 7

	4						7	
		7		6		3		
			5		7			
5			7		1			2
	7		2		8		6	
	2	9				1	4	
7				2				5
3		6				7		1
	5					8		

解答◆126ページ

CHECK! | 1 | 2 | 3 | 4 | 5 | 6 | 7 | 8 | 9 |

QUESTION

99

NUMBER PLACE

★★★★★★★

			7					3
		6			1			8
3					8	9	4	
			2				8	
	6	4	8		3	2	5	
	3				4			
	7	3	4					5
4			3			8		
8					6			

解答◆127ページ

	1	2	3	4	5	6	7	8	9
CHECK!									

QUESTION 100

LEVEL 7

★★★★★★★

	4		3		9		1	
3		1				5		9
		9				6		
		7				8		
	9						4	
1		5	4		2	9		6
	5		9		4		2	
				1				
	1			7			9	

解答◆127ページ

CHECK! | 1 | 2 | 3 | 4 | 5 | 6 | 7 | 8 | 9 |

QUESTION
101
NUMBER PLACE

★★★★★★★

			3	6				
6	5			7				2
					2	1		
7			2		9	8		
1	4						7	6
		2	6		7			1
		6	7					
4				2			9	7
				5	6			

解答◆127ページ

CHECK!	1	2	3	4	5	6	7	8	9

QUESTION 102

NUMBER PLACE

LEVEL 7

★★★★★★★

			5	1				4
				7	6			
		4					1	9
2		7	8			4		
	4	9				2	3	
		8			4	7		5
7	1				2			
		4	7					
3			1	4				

解答◆127ページ

CHECK!	1	2	3	4	5	6	7	8	9

QUESTION

103

NUMBER PLACE

★★★★★★★

					7	4		
	4	6						
3		1	2	9		6	7	
		5			1			7
	7						3	
4			7			9		
	8	7		2	3	1		4
						2	5	
		3	5					

解答◆127ページ

CHECK!	1	2	3	4	5	6	7	8	9

QUESTION

104

NUMBER PLACE

LEVEL 7

★★★★★★★

4	3	5						
8	6				2			
			8			7		
		2	5		8		4	
6	8			9				3
		1	3		6		9	
			6			1		
2	5				1			
9	1	8						

解答◆127ページ

CHECK!	1	2	3	4	5	6	7	8	9

QUESTION

105

NUMBER PLACE

★★★★★★★

5	3					1		
	1				6		7	
	7			1			2	
		4	1					8
			3	8	9	7		
		1	7					5
	5			4			1	
	4				7		5	
2	6					9		

解答◆127ページ

CHECK!	1	2	3	4	5	6	7	8	9

解答

Level 3

1)

5	2	7	8	1	4	6	9	3
8	4	3	2	9	6	5	7	1
6	9	1	5	7	3	4	2	8
3	5	2	9	4	8	1	6	7
7	8	4	6	2	1	9	3	5
1	6	9	7	3	5	8	4	2
2	3	5	1	6	9	7	8	4
9	7	8	4	5	2	3	1	6
4	1	6	3	8	7	2	5	9

2)

1	4	3	7	9	6	8	2	5
9	7	5	2	8	1	6	4	3
2	8	6	4	5	3	9	1	7
6	1	2	3	7	9	4	5	8
4	5	7	8	6	2	3	9	1
3	9	8	5	1	4	7	6	2
7	3	1	9	4	5	2	8	6
8	6	4	1	2	7	5	3	9
5	2	9	6	3	8	1	7	4

3)

6	7	3	8	1	4	5	9	2
4	8	9	6	5	2	3	1	7
1	2	5	3	7	9	4	6	8
8	3	4	9	6	1	7	2	5
5	6	1	7	2	8	9	3	4
2	9	7	4	3	5	1	8	6
7	4	6	2	9	3	8	5	1
9	1	8	5	4	6	2	7	3
3	5	2	1	8	7	6	4	9

4)

3	5	1	6	7	2	4	9	8
8	4	9	1	5	3	6	2	7
6	7	2	8	9	4	3	1	5
7	1	8	4	2	6	5	3	9
2	9	3	5	8	1	7	6	4
5	6	4	7	3	9	2	8	1
1	2	5	9	6	7	8	4	3
4	8	6	3	1	5	9	7	2
9	3	7	2	4	8	1	5	6

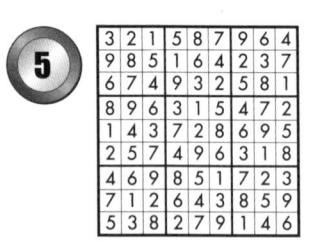

5)

3	2	1	5	8	7	9	6	4
9	8	5	1	6	4	2	3	7
6	7	4	9	3	2	5	8	1
8	9	6	3	1	5	4	7	2
1	4	3	7	2	8	6	9	5
2	5	7	4	9	6	3	1	8
4	6	9	8	5	1	7	2	3
7	1	2	6	4	3	8	5	9
5	3	8	2	7	9	1	4	6

6)

2	5	3	6	8	7	1	9	4
7	9	4	2	1	3	8	5	6
1	8	6	9	5	4	3	2	7
6	4	1	7	2	8	5	3	9
5	7	2	3	9	6	4	1	8
9	3	8	5	4	1	7	6	2
4	6	5	1	7	9	2	8	3
3	1	7	8	6	2	9	4	5
8	2	9	4	3	5	6	7	1

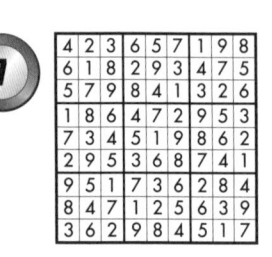

7)

4	2	3	6	5	7	1	9	8
6	1	8	2	9	3	4	7	5
5	7	9	8	4	1	3	2	6
1	8	6	4	7	2	9	5	3
7	3	4	5	1	9	8	6	2
2	9	5	3	6	8	7	4	1
9	5	1	7	3	6	2	8	4
8	4	7	1	2	5	6	3	9
3	6	2	9	8	4	5	1	7

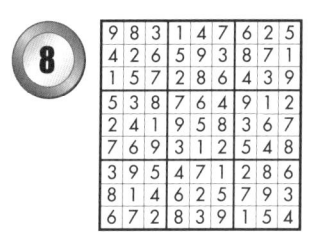

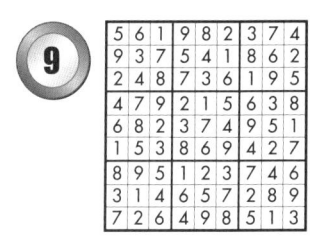

8

9	8	3	1	4	7	6	2	5
4	2	6	5	9	3	8	7	1
1	5	7	2	8	6	4	3	9
5	3	8	7	6	4	9	1	2
2	4	1	9	5	8	3	6	7
7	6	9	3	1	2	5	4	8
3	9	5	4	7	1	2	8	6
8	1	4	6	2	5	7	9	3
6	7	2	8	3	9	1	5	4

9

5	6	1	9	8	2	3	7	4
9	3	7	5	4	1	8	6	2
2	4	8	7	3	6	1	9	5
4	7	9	2	1	5	6	3	8
6	8	2	3	7	4	9	5	1
1	5	3	8	6	9	4	2	7
8	9	5	1	2	3	7	4	6
3	1	4	6	5	7	2	8	9
7	2	6	4	9	8	5	1	3

10

5	6	9	1	3	2	8	4	7
3	8	7	9	4	5	1	2	6
4	2	1	6	7	8	5	9	3
2	1	4	7	5	9	3	6	8
9	5	3	8	6	1	4	7	2
6	7	8	4	2	3	9	5	1
8	3	5	2	9	7	6	1	4
7	9	6	3	1	4	2	8	5
1	4	2	5	8	6	7	3	9

11

1	9	6	5	8	3	7	4	2
7	8	5	9	4	2	3	1	6
4	3	2	6	7	1	9	5	8
2	5	3	8	1	7	4	6	9
9	4	1	3	2	6	5	8	7
8	6	7	4	5	9	2	3	1
6	2	4	7	3	8	1	9	5
3	1	9	2	6	5	8	7	4
5	7	8	1	9	4	6	2	3

12

4	3	1	9	7	6	5	8	2
5	7	2	3	4	8	6	1	9
9	6	8	5	1	2	4	3	7
1	8	7	6	2	4	3	9	5
2	9	6	7	5	3	1	4	8
3	5	4	1	8	9	2	7	6
7	2	9	4	6	1	8	5	3
8	4	5	2	3	7	9	6	1
6	1	3	8	9	5	7	2	4

13

8	7	9	5	6	3	1	4	2
2	5	6	1	8	4	7	9	3
3	1	4	9	7	2	6	5	8
7	3	8	6	9	1	4	2	5
4	2	1	8	3	5	9	7	6
9	6	5	4	2	7	8	3	1
1	9	7	3	5	8	2	6	4
6	8	3	2	4	9	5	1	7
5	4	2	7	1	6	3	8	9

14

1	9	2	4	6	5	8	7	3
5	8	7	3	9	1	2	6	4
4	6	3	8	2	7	1	5	9
2	1	5	9	3	8	6	4	7
8	7	4	1	5	6	3	9	2
9	3	6	2	7	4	5	8	1
3	5	9	6	4	2	7	1	8
6	4	1	7	8	3	9	2	5
7	2	8	5	1	9	4	3	6

115

Level 4

15

6	3	1	2	4	9	8	7	5
5	9	4	8	7	3	1	6	2
7	2	8	5	1	6	9	4	3
2	5	9	6	8	4	7	3	1
8	6	3	1	9	7	2	5	4
4	1	7	3	2	5	6	8	9
3	7	2	9	5	8	4	1	6
9	8	5	4	6	1	3	2	7
1	4	6	7	3	2	5	9	8

16

1	9	3	5	2	6	7	8	4
7	8	6	1	4	3	2	5	9
2	5	4	7	9	8	1	3	6
5	3	7	6	8	2	9	4	1
4	2	9	3	1	5	8	6	7
8	6	1	4	7	9	5	2	3
6	4	2	9	5	7	3	1	8
3	7	5	8	6	1	4	9	2
9	1	8	2	3	4	6	7	5

17

7	5	8	1	6	2	9	3	4
1	2	6	9	3	4	5	7	8
4	3	9	7	8	5	2	1	6
8	9	3	4	2	7	1	6	5
6	1	7	3	5	8	4	2	9
2	4	5	6	9	1	3	8	7
3	7	2	8	4	9	6	5	1
5	8	4	2	1	6	7	9	3
9	6	1	5	7	3	8	4	2

18

7	9	1	4	2	8	6	5	3
8	6	5	9	1	3	2	7	4
3	4	2	7	6	5	8	9	1
6	8	4	5	7	1	9	3	2
5	1	3	6	9	2	7	4	8
9	2	7	8	3	4	5	1	6
4	7	8	3	5	6	1	2	9
2	5	6	1	4	9	3	8	7
1	3	9	2	8	7	4	6	5

19

1	9	2	3	5	7	8	4	6
7	5	6	8	1	4	3	2	9
4	8	3	9	2	6	7	1	5
2	1	7	5	8	3	9	6	4
3	6	9	4	7	1	5	8	2
8	4	5	2	6	9	1	3	7
5	7	4	6	3	8	2	9	1
6	2	8	1	9	5	4	7	3
9	3	1	7	4	2	6	5	8

20

6	3	2	8	1	7	4	9	5
9	7	1	5	4	6	3	8	2
8	4	5	9	3	2	7	1	6
1	2	4	7	5	3	9	6	8
3	9	7	1	6	8	5	2	4
5	8	6	4	2	9	1	3	7
4	6	3	2	9	5	8	7	1
2	5	8	3	7	1	6	4	9
7	1	9	6	8	4	2	5	3

21

6	9	2	8	4	5	7	1	3
5	1	8	3	7	6	2	4	9
3	4	7	9	1	2	8	5	6
4	7	6	1	3	8	9	2	5
2	8	1	5	9	7	3	6	4
9	5	3	6	2	4	1	7	8
7	6	4	2	8	3	5	9	1
1	3	5	7	6	9	4	8	2
8	2	9	4	5	1	6	3	7

22

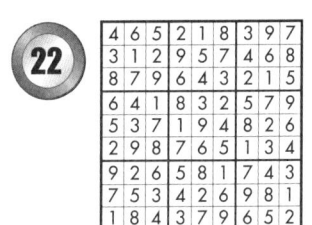

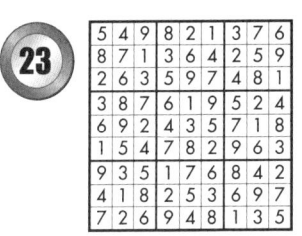

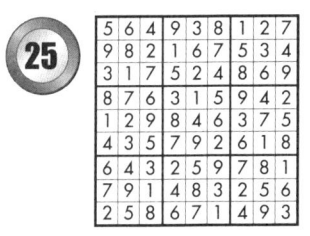

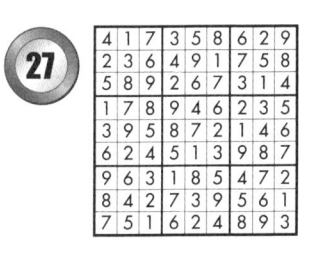

4	6	5	2	1	8	3	9	7
3	1	2	9	5	7	4	6	8
8	7	9	6	4	3	2	1	5
6	4	1	8	3	2	5	7	9
5	3	7	1	9	4	8	2	6
2	9	8	7	6	5	1	3	4
9	2	6	5	8	1	7	4	3
7	5	3	4	2	6	9	8	1
1	8	4	3	7	9	6	5	2

23

5	4	9	8	2	1	3	7	6
8	7	1	3	6	4	2	5	9
2	6	3	5	9	7	4	8	1
3	8	7	6	1	9	5	2	4
6	9	2	4	3	5	7	1	8
1	5	4	7	8	2	9	6	3
9	3	5	1	7	6	8	4	2
4	1	8	2	5	3	6	9	7
7	2	6	9	4	8	1	3	5

24

2	1	3	4	6	5	8	9	7
7	5	8	1	2	9	4	3	6
4	6	9	8	3	7	2	1	5
6	2	4	7	5	1	3	8	9
8	7	1	9	4	3	5	6	2
9	3	5	2	8	6	1	7	4
3	9	2	6	1	4	7	5	8
5	4	7	3	9	8	6	2	1
1	8	6	5	7	2	9	4	3

25

5	6	4	9	3	8	1	2	7
9	8	2	1	6	7	5	3	4
3	1	7	5	2	4	8	6	9
8	7	6	3	1	5	9	4	2
1	2	9	8	4	6	3	7	5
4	3	5	7	9	2	6	1	8
6	4	3	2	5	9	7	8	1
7	9	1	4	8	3	2	5	6
2	5	8	6	7	1	4	9	3

26

2	1	7	3	5	4	6	9	8
8	3	4	1	6	9	2	7	5
6	9	5	7	8	2	4	3	1
9	8	3	2	7	5	1	6	4
1	5	2	9	4	6	3	8	7
7	4	6	8	3	1	5	2	9
5	2	1	6	9	7	8	4	3
4	7	8	5	2	3	9	1	6
3	6	9	4	1	8	7	5	2

27

4	1	7	3	5	8	6	2	9
2	3	6	4	9	1	7	5	8
5	8	9	2	6	7	3	1	4
1	7	8	9	4	6	2	3	5
3	9	5	8	7	2	1	4	6
6	2	4	5	1	3	9	8	7
9	6	3	1	8	5	4	7	2
8	4	2	7	3	9	5	6	1
7	5	1	6	2	4	8	9	3

28

4	3	7	9	8	2	6	1	5
5	9	8	6	1	3	7	4	2
6	1	2	7	5	4	3	8	9
7	6	4	2	3	8	9	5	1
1	2	9	5	4	7	8	3	6
8	5	3	1	9	6	2	7	4
2	8	5	4	7	9	1	6	3
9	7	1	3	6	5	4	2	8
3	4	6	8	2	1	5	9	7

29

6	2	5	4	1	8	3	9	7
3	1	8	9	7	6	4	2	5
7	4	9	2	3	5	8	6	1
4	7	3	5	9	2	6	1	8
5	8	1	7	6	3	9	4	2
2	9	6	8	4	1	5	7	3
1	3	7	6	5	9	2	8	4
9	5	2	1	8	4	7	3	6
8	6	4	3	2	7	1	5	9

30

5	7	1	3	2	9	6	4	8
8	4	6	5	7	1	2	9	3
3	9	2	8	6	4	5	1	7
4	5	8	2	3	7	9	6	1
2	1	9	4	8	6	3	7	5
7	6	3	9	1	5	4	8	2
9	8	5	7	4	3	1	2	6
6	2	4	1	5	8	7	3	9
1	3	7	6	9	2	8	5	4

31

3	2	8	1	4	6	7	9	5
4	9	1	8	7	5	3	6	2
6	5	7	3	9	2	4	1	8
9	1	5	2	3	4	6	8	7
8	4	3	7	6	1	5	2	9
7	6	2	9	5	8	1	3	4
5	8	4	6	2	3	9	7	1
2	7	6	5	1	9	8	4	3
1	3	9	4	8	7	2	5	6

32

7	9	8	6	5	4	3	2	1
1	5	3	9	2	7	8	4	6
4	2	6	3	1	8	9	5	7
9	4	7	5	8	2	6	1	3
6	3	5	1	4	9	2	7	8
8	1	2	7	3	6	4	9	5
3	6	9	2	7	1	5	8	4
5	7	4	8	9	3	1	6	2
2	8	1	4	6	5	7	3	9

33

4	3	9	7	2	5	8	6	1
5	8	7	3	6	1	4	9	2
1	6	2	8	4	9	3	7	5
9	7	4	2	3	8	1	5	6
2	1	3	5	9	6	7	4	8
6	5	8	4	1	7	2	3	9
8	9	5	1	7	4	6	2	3
7	2	6	9	8	3	5	1	4
3	4	1	6	5	2	9	8	7

34

3	6	2	8	9	4	7	1	5
7	1	9	3	5	6	2	8	4
5	8	4	2	7	1	3	6	9
1	3	5	7	6	8	9	4	2
8	9	6	4	3	2	1	5	7
4	2	7	9	1	5	8	3	6
2	7	1	6	4	3	5	9	8
9	4	3	5	8	7	6	2	1
6	5	8	1	2	9	4	7	3

35

9	5	6	1	3	2	7	8	4
1	8	4	6	9	7	2	3	5
7	2	3	4	8	5	9	6	1
5	7	9	8	2	3	4	1	6
8	3	1	9	6	4	5	2	7
6	4	2	7	5	1	8	9	3
3	9	8	5	7	6	1	4	2
4	6	5	2	1	8	3	7	9
2	1	7	3	4	9	6	5	8

36

3	7	5	6	1	9	2	4	8
9	4	1	8	7	2	3	6	5
8	2	6	3	5	4	1	9	7
6	3	8	9	2	5	7	1	4
1	9	2	7	4	8	6	5	3
4	5	7	1	3	6	9	8	2
7	1	9	5	8	3	4	2	6
2	8	3	4	6	1	5	7	9
5	6	4	2	9	7	8	3	1

37

9	4	2	3	7	5	8	1	6
5	3	8	6	1	4	2	7	9
6	7	1	8	9	2	4	3	5
7	5	3	2	4	9	1	6	8
1	9	6	7	8	3	5	2	4
2	8	4	5	6	1	3	9	7
4	1	5	9	3	7	6	8	2
8	2	7	1	5	6	9	4	3
3	6	9	4	2	8	7	5	1

38

5	6	1	3	9	4	7	2	8
7	9	4	6	2	8	5	1	3
2	8	3	7	5	1	6	9	4
1	3	9	8	6	5	4	7	2
4	7	8	2	1	9	3	6	5
6	2	5	4	7	3	9	8	1
8	5	7	9	4	2	1	3	6
3	1	6	5	8	7	2	4	9
9	4	2	1	3	6	8	5	7

39

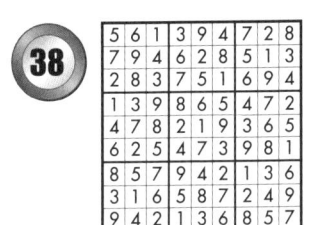

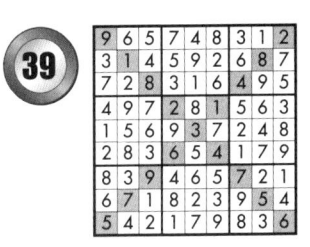

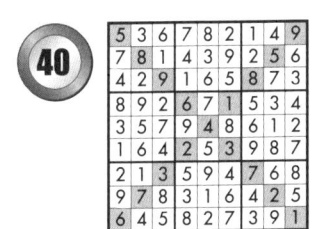

9	6	5	7	4	8	3	1	2
3	1	4	5	9	2	6	8	7
7	2	8	3	1	6	4	9	5
4	9	7	2	8	1	5	6	3
1	5	6	9	3	7	2	4	8
2	8	3	6	5	4	1	7	9
8	3	9	4	6	5	7	2	1
6	7	1	8	2	3	9	5	4
5	4	2	1	7	9	8	3	6

40

5	3	6	7	8	2	1	4	9
7	8	1	4	3	9	2	5	6
4	2	9	1	6	5	8	7	3
8	9	2	6	7	1	5	3	4
3	5	7	9	4	8	6	1	2
1	6	4	2	5	3	9	8	7
2	1	3	5	9	4	7	6	8
9	7	8	3	1	6	4	2	5
6	4	5	8	2	7	3	9	1

Level 5

41

3	6	8	9	7	2	1	5	4
9	5	1	4	3	8	6	2	7
4	2	7	5	1	6	3	9	8
6	7	4	1	2	3	9	8	5
5	8	2	6	9	7	4	3	1
1	9	3	8	4	5	7	6	2
2	4	6	7	5	9	8	1	3
7	3	9	2	8	1	5	4	6
8	1	5	3	6	4	2	7	9

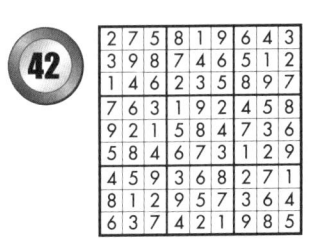

42

2	7	5	8	1	9	6	4	3
3	9	8	7	4	6	5	1	2
1	4	6	2	3	5	8	9	7
7	6	3	1	9	2	4	5	8
9	2	1	5	8	4	7	3	6
5	8	4	6	7	3	1	2	9
4	5	9	3	6	8	2	7	1
8	1	2	9	5	7	3	6	4
6	3	7	4	2	1	9	8	5

43

5	2	7	9	4	6	8	1	3
1	6	9	3	8	5	7	4	2
8	3	4	2	1	7	6	5	9
6	5	1	7	3	9	2	8	4
7	4	2	5	6	8	9	3	1
9	8	3	1	2	4	5	6	7
2	1	8	6	9	3	4	7	5
4	9	5	8	7	1	3	2	6
3	7	6	4	5	2	1	9	8

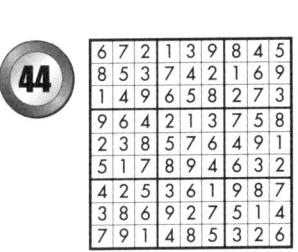

44

6	7	2	1	3	9	8	4	5
8	5	3	7	4	2	1	6	9
1	4	9	6	5	8	2	7	3
9	6	4	2	1	3	7	5	8
2	3	8	5	7	6	4	9	1
5	1	7	8	9	4	6	3	2
4	2	5	3	6	1	9	8	7
3	8	6	9	2	7	5	1	4
7	9	1	4	8	5	3	2	6

45

1	6	8	4	5	3	2	9	7
9	2	7	6	1	8	5	3	4
4	5	3	2	9	7	6	8	1
5	3	9	1	8	6	4	7	2
8	4	2	3	7	5	9	1	6
6	7	1	9	2	4	3	5	8
7	9	5	8	6	2	1	4	3
2	8	4	5	3	1	7	6	9
3	1	6	7	4	9	8	2	5

46

6	9	3	4	5	1	7	2	8
1	5	2	8	7	3	4	6	9
7	8	4	9	6	2	1	5	3
2	3	9	1	4	5	8	7	6
8	4	6	2	3	7	5	9	1
5	7	1	6	8	9	3	4	2
4	2	7	3	1	6	9	8	5
3	6	5	7	9	8	2	1	4
9	1	8	5	2	4	6	3	7

47

2	5	1	9	3	6	8	4	7
4	3	8	7	1	5	9	6	2
6	9	7	4	2	8	3	1	5
5	2	3	1	4	9	6	7	8
7	4	6	2	8	3	5	9	1
1	8	9	5	6	7	2	3	4
9	1	2	3	5	4	7	8	6
8	7	4	6	9	2	1	5	3
3	6	5	8	7	1	4	2	9

48

3	9	5	2	7	8	4	1	6
6	7	1	9	3	4	2	5	8
2	4	8	6	1	5	9	3	7
1	5	3	8	4	6	7	9	2
7	6	2	1	5	9	8	4	3
4	8	9	7	2	3	5	6	1
9	3	7	5	6	2	1	8	4
8	1	6	4	9	7	3	2	5
5	2	4	3	8	1	6	7	9

49

5	6	3	4	8	7	9	1	2
8	2	1	6	3	9	4	5	7
9	4	7	1	2	5	6	8	3
4	8	2	9	6	3	5	7	1
3	7	9	5	4	1	2	6	8
6	1	5	8	7	2	3	4	9
2	9	4	7	1	6	8	3	5
7	5	8	3	9	4	1	2	6
1	3	6	2	5	8	7	9	4

50

7	6	5	3	1	9	4	8	2
1	3	4	7	2	8	6	5	9
8	2	9	4	5	6	1	3	7
3	8	6	1	9	5	2	7	4
9	5	7	8	4	2	3	1	6
2	4	1	6	7	3	8	9	5
4	7	2	9	8	1	5	6	3
5	1	3	2	6	7	9	4	8
6	9	8	5	3	4	7	2	1

51

3	6	9	2	4	5	7	8	1
1	2	5	3	8	7	4	6	9
7	4	8	9	6	1	3	5	2
4	8	1	5	9	2	6	3	7
9	5	3	7	1	6	2	4	8
6	7	2	4	3	8	9	1	5
2	1	4	6	5	9	8	7	3
5	9	6	8	7	3	1	2	4
8	3	7	1	2	4	5	9	6

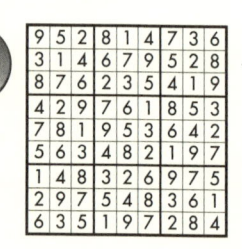

52

9	5	2	8	1	4	7	3	6
3	1	4	6	7	9	5	2	8
8	7	6	2	3	5	4	1	9
4	2	9	7	6	1	8	5	3
7	8	1	9	5	3	6	4	2
5	6	3	4	8	2	1	9	7
1	4	8	3	2	6	9	7	5
2	9	7	5	4	8	3	6	1
6	3	5	1	9	7	2	8	4

53

8	1	5	7	6	4	2	9	3
4	3	2	5	1	9	8	7	6
9	7	6	8	2	3	1	5	4
2	9	1	6	3	7	5	4	8
6	5	7	2	4	8	9	3	1
3	4	8	1	9	5	6	2	7
1	2	9	4	7	6	3	8	5
5	6	4	3	8	2	7	1	9
7	8	3	9	5	1	4	6	2

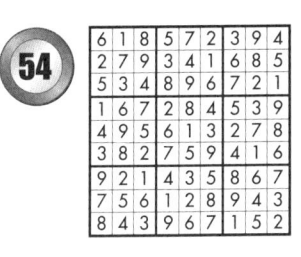

54

6	1	8	5	7	2	3	9	4
2	7	9	3	4	1	6	8	5
5	3	4	8	9	6	7	2	1
1	6	7	2	8	4	5	3	9
4	9	5	6	1	3	2	7	8
3	8	2	7	5	9	4	1	6
9	2	1	4	3	5	8	6	7
7	5	6	1	2	8	9	4	3
8	4	3	9	6	7	1	5	2

55

5	9	3	6	4	7	1	8	2
6	8	1	2	3	5	9	4	7
7	4	2	9	1	8	6	5	3
2	6	5	1	7	4	3	9	8
4	7	9	8	2	3	5	1	6
1	3	8	5	6	9	2	7	4
8	1	4	3	9	6	7	2	5
9	5	6	7	8	2	4	3	1
3	2	7	4	5	1	8	6	9

56

4	7	3	8	6	1	5	2	9
1	9	2	7	5	3	6	8	4
5	8	6	2	4	9	1	3	7
8	1	7	4	2	5	3	9	6
6	3	4	9	1	7	8	5	2
9	2	5	6	3	8	7	4	1
7	6	8	3	9	4	2	1	5
3	4	1	5	7	2	9	6	8
2	5	9	1	8	6	4	7	3

57

8	9	1	3	7	2	6	4	5
4	3	7	5	6	9	8	1	2
2	6	5	1	8	4	3	9	7
6	4	8	7	1	3	5	2	9
1	7	2	9	5	8	4	3	6
3	5	9	4	2	6	1	7	8
5	2	3	8	4	7	9	6	1
9	1	6	2	3	5	7	8	4
7	8	4	6	9	1	2	5	3

58

9	6	7	3	2	5	8	1	4
4	8	5	1	7	9	3	2	6
2	3	1	8	4	6	7	9	5
5	2	9	4	1	3	6	7	8
8	1	3	7	6	2	4	5	9
6	7	4	5	9	8	1	3	2
1	5	6	9	8	7	2	4	3
3	4	8	2	5	1	9	6	7
7	9	2	6	3	4	5	8	1

59

3	6	1	8	2	9	4	5	7
7	5	8	1	3	4	6	9	2
4	9	2	5	6	7	8	3	1
5	1	7	2	4	3	9	6	8
9	2	3	6	8	1	5	7	4
6	8	4	7	9	5	2	1	3
2	7	5	4	1	6	3	8	9
8	3	6	9	7	2	1	4	5
1	4	9	3	5	8	7	2	6

60

1	2	3	5	6	9	8	7	4
9	8	5	1	4	7	3	6	2
4	6	7	3	8	2	5	1	9
3	7	1	8	2	4	9	5	6
5	4	6	9	1	3	7	2	8
2	9	8	7	5	6	4	3	1
7	3	4	2	9	1	6	8	5
8	1	9	6	3	5	2	4	7
6	5	2	4	7	8	1	9	3

61

8	6	5	1	9	7	2	4	3
2	3	7	8	5	4	1	9	6
9	1	4	3	6	2	7	8	5
5	8	6	2	1	3	4	7	9
3	2	9	7	4	6	8	5	1
7	4	1	9	8	5	3	6	2
6	5	2	4	7	1	9	3	8
4	9	3	6	2	8	5	1	7
1	7	8	5	3	9	6	2	4

62

4	1	6	5	2	7	3	9	8
7	3	5	9	1	8	2	6	4
2	9	8	6	3	4	1	7	5
6	4	1	7	9	2	5	8	3
5	8	2	3	4	6	7	1	9
9	7	3	8	5	1	4	2	6
1	2	9	4	6	3	8	5	7
3	6	7	1	8	5	9	4	2
8	5	4	2	7	9	6	3	1

63

7	8	6	5	3	9	4	2	1
4	9	1	8	7	2	6	3	5
2	5	3	6	1	4	9	8	7
3	7	5	9	2	8	1	6	4
1	6	9	3	4	7	8	5	2
8	4	2	1	5	6	7	9	3
5	3	8	7	9	1	2	4	6
9	2	7	4	6	3	5	1	8
6	1	4	2	8	5	3	7	9

64

9	6	1	7	2	3	4	8	5
5	2	8	6	4	1	7	9	3
7	3	4	9	5	8	2	6	1
3	8	6	2	7	5	1	4	9
4	7	9	3	1	6	5	2	8
1	5	2	8	9	4	3	7	6
8	1	5	4	6	2	9	3	7
6	4	7	1	3	9	8	5	2
2	9	3	5	8	7	6	1	4

65

3	8	7	5	9	4	6	1	2
4	9	6	1	2	8	7	5	3
2	1	5	7	3	6	8	4	9
5	7	2	4	8	1	9	3	6
9	6	8	3	7	5	4	2	1
1	3	4	9	6	2	5	8	7
8	2	3	6	5	9	1	7	4
7	4	9	8	1	3	2	6	5
6	5	1	2	4	7	3	9	8

66

6	8	5	4	9	1	3	2	7
7	2	1	6	3	8	9	4	5
9	4	3	2	7	5	1	8	6
3	5	6	7	2	9	4	1	8
2	1	4	5	8	6	7	3	9
8	7	9	3	1	4	6	5	2
1	9	2	8	6	3	5	7	4
4	6	8	1	5	7	2	9	3
5	3	7	9	4	2	8	6	1

Level 6

67

8	1	6	7	3	9	2	5	4
9	4	7	8	5	2	1	6	3
3	5	2	6	4	1	7	8	9
1	2	9	3	6	5	4	7	8
4	8	5	2	9	7	6	3	1
6	7	3	1	8	4	5	9	2
7	3	4	9	2	6	8	1	5
2	6	8	5	1	3	9	4	7
5	9	1	4	7	8	3	2	6

68

3	2	5	8	9	1	6	7	4
9	8	7	3	6	4	5	2	1
6	4	1	7	5	2	3	8	9
4	7	6	1	3	9	8	5	2
5	3	8	4	2	7	9	1	6
2	1	9	6	8	5	7	4	3
7	6	3	2	1	8	4	9	5
1	9	4	5	7	6	2	3	8
8	5	2	9	4	3	1	6	7

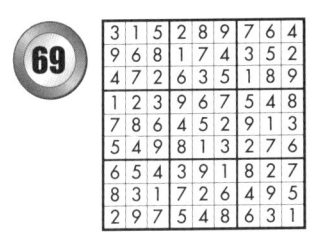

69

3	1	5	2	8	9	7	6	4
9	6	8	1	7	4	3	5	2
4	7	2	6	3	5	1	8	9
1	2	3	9	6	7	5	4	8
7	8	6	4	5	2	9	1	3
5	4	9	8	1	3	2	7	6
6	5	4	3	9	1	8	2	7
8	3	1	7	2	6	4	9	5
2	9	7	5	4	8	6	3	1

70

1	6	7	2	5	3	4	9	8
5	4	2	1	8	9	3	6	7
9	3	8	4	7	6	1	2	5
3	1	9	8	2	5	7	4	6
7	8	4	3	6	1	2	5	9
2	5	6	7	9	4	8	1	3
8	9	1	5	3	2	6	7	4
6	2	3	9	4	7	5	8	1
4	7	5	6	1	8	9	3	2

71

7	8	3	6	2	1	5	4	9
9	2	1	4	8	5	6	7	3
6	5	4	3	9	7	1	8	2
8	3	7	2	5	4	9	6	1
2	6	9	1	3	8	7	5	4
4	1	5	7	6	9	3	2	8
1	7	6	9	4	2	8	3	5
3	4	8	5	1	6	2	9	7
5	9	2	8	7	3	4	1	6

72

5	4	2	9	7	6	8	1	3
8	9	3	1	5	4	2	6	7
6	7	1	8	3	2	5	4	9
4	5	7	3	2	8	6	9	1
3	8	9	6	4	1	7	5	2
2	1	6	7	9	5	4	3	8
7	6	5	2	1	3	9	8	4
9	3	8	4	6	7	1	2	5
1	2	4	5	8	9	3	7	6

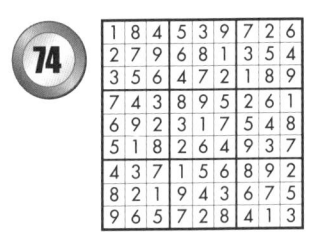

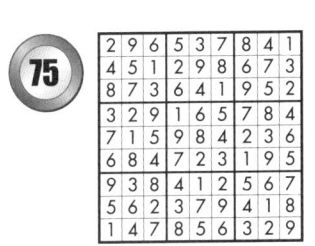

73

9	1	4	8	7	2	6	3	5
8	6	5	3	9	4	1	7	2
2	7	3	6	5	1	8	4	9
3	8	6	7	1	9	5	2	4
5	2	9	4	3	6	7	8	1
1	4	7	5	2	8	3	9	6
6	5	2	9	8	3	4	1	7
4	3	1	2	6	7	9	5	8
7	9	8	1	4	5	2	6	3

74

1	8	4	5	3	9	7	2	6
2	7	9	6	8	1	3	5	4
3	5	6	4	7	2	1	8	9
7	4	3	8	9	5	2	6	1
6	9	2	3	1	7	5	4	8
5	1	8	2	6	4	9	3	7
4	3	7	1	5	6	8	9	2
8	2	1	9	4	3	6	7	5
9	6	5	7	2	8	4	1	3

75

2	9	6	5	3	7	8	4	1
4	5	1	2	9	8	6	7	3
8	7	3	6	4	1	9	5	2
3	2	9	1	6	5	7	8	4
7	1	5	9	8	4	2	3	6
6	8	4	7	2	3	1	9	5
9	3	8	4	1	2	5	6	7
5	6	2	3	7	9	4	1	8
1	4	7	8	5	6	3	2	9

123

76

8	7	6	4	2	1	3	5	9
1	5	9	7	6	3	2	4	8
3	2	4	9	5	8	7	1	6
7	6	8	2	4	5	1	9	3
4	1	2	6	3	9	5	8	7
9	3	5	8	1	7	6	2	4
6	8	7	1	9	2	4	3	5
5	4	1	3	8	6	9	7	2
2	9	3	5	7	4	8	6	1

77

1	6	7	5	2	9	8	4	3
2	3	4	7	8	1	6	9	5
5	8	9	3	4	6	1	2	7
9	7	3	4	6	8	2	5	1
8	1	5	9	7	2	3	6	4
6	4	2	1	3	5	9	7	8
3	2	1	6	5	7	4	8	9
7	9	6	8	1	4	5	3	2
4	5	8	2	9	3	7	1	6

78

2	5	3	6	1	8	7	4	9
4	6	1	7	2	9	5	3	8
7	9	8	3	5	4	1	6	2
6	8	9	5	7	2	4	1	3
3	7	2	4	6	1	8	9	5
5	1	4	8	9	3	6	2	7
1	3	7	9	4	5	2	8	6
8	2	5	1	3	6	9	7	4
9	4	6	2	8	7	3	5	1

79

4	5	9	6	8	1	7	2	3
2	1	6	5	3	7	9	8	4
8	7	3	4	9	2	5	6	1
9	8	4	7	5	6	1	3	2
7	2	1	3	4	8	6	5	9
3	6	5	1	2	9	8	4	7
6	3	8	9	7	4	2	1	5
5	9	2	8	1	3	4	7	6
1	4	7	2	6	5	3	9	8

80

5	3	2	1	8	6	9	4	7
4	9	8	7	5	3	6	2	1
7	6	1	9	2	4	5	3	8
2	7	3	8	9	1	4	6	5
1	4	9	3	6	5	7	8	2
6	8	5	2	4	7	1	9	3
8	2	6	5	7	9	3	1	4
9	1	7	4	3	8	2	5	6
3	5	4	6	1	2	8	7	9

81

8	6	5	7	4	9	3	2	1
9	7	3	5	2	1	8	6	4
2	1	4	8	6	3	5	7	9
7	8	2	6	9	4	1	5	3
5	9	6	3	1	7	4	8	2
4	3	1	2	5	8	6	9	7
6	4	9	1	7	5	2	3	8
1	2	8	9	3	6	7	4	5
3	5	7	4	8	2	9	1	6

82

9	3	1	5	4	2	8	7	6
5	6	2	8	9	7	1	4	3
7	8	4	6	1	3	9	2	5
6	5	3	7	8	4	2	9	1
1	2	8	3	6	9	7	5	4
4	7	9	1	2	5	3	6	8
3	1	5	2	7	6	4	8	9
8	9	7	4	5	1	6	3	2
2	4	6	9	3	8	5	1	7

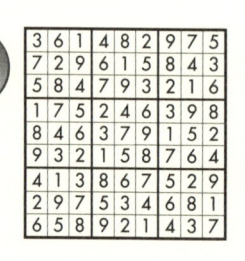

83

3	6	1	4	8	2	9	7	5
7	2	9	6	1	5	8	4	3
5	8	4	7	9	3	2	1	6
1	7	5	2	4	6	3	9	8
8	4	6	3	7	9	1	5	2
9	3	2	1	5	8	7	6	4
4	1	3	8	6	7	5	2	9
2	9	7	5	3	4	6	8	1
6	5	8	9	2	1	4	3	7

84

7	1	6	3	2	5	8	4	9
9	3	5	4	6	8	7	1	2
2	4	8	7	9	1	5	3	6
4	2	3	5	7	6	1	9	8
5	8	7	9	1	2	4	6	3
1	6	9	8	3	4	2	5	7
8	9	1	6	4	7	3	2	5
6	7	4	2	5	3	9	8	1
3	5	2	1	8	9	6	7	4

85

1	2	5	3	7	9	8	6	4
3	9	4	6	1	8	5	7	2
6	7	8	2	5	4	1	9	3
7	4	3	8	9	6	2	5	1
5	1	6	7	4	2	3	8	9
2	8	9	1	3	5	7	4	6
8	3	1	9	6	7	4	2	5
9	5	7	4	2	1	6	3	8
4	6	2	5	8	3	9	1	7

86

9	2	8	6	1	7	3	4	5
4	5	7	3	9	2	6	8	1
6	3	1	8	5	4	2	9	7
5	6	2	7	4	9	1	3	8
3	1	9	2	8	6	5	7	4
8	7	4	1	3	5	9	2	6
2	4	3	5	6	8	7	1	9
1	8	5	9	7	3	4	6	2
7	9	6	4	2	1	8	5	3

87

2	5	1	7	9	8	6	3	4
7	6	4	5	1	3	8	9	2
3	8	9	4	6	2	1	5	7
5	9	6	3	7	1	2	4	8
4	3	2	6	8	5	9	7	1
8	1	7	9	2	4	5	6	3
1	7	5	8	4	9	3	2	6
6	2	3	1	5	7	4	8	9
9	4	8	2	3	6	7	1	5

88

1	5	4	8	2	7	3	9	6
2	7	9	6	3	1	5	4	8
6	8	3	5	9	4	1	7	2
4	6	2	3	5	9	8	1	7
3	1	8	4	7	6	2	5	9
5	9	7	1	8	2	4	6	3
8	2	6	9	1	5	7	3	4
9	3	1	7	4	8	6	2	5
7	4	5	2	6	3	9	8	1

89

1	6	8	9	2	5	4	7	3
7	3	2	6	1	4	5	8	9
5	9	4	3	7	8	2	1	6
2	8	7	5	4	9	6	3	1
6	4	9	1	3	7	8	2	5
3	1	5	2	8	6	9	4	7
4	2	6	7	5	1	3	9	8
8	5	1	4	9	3	7	6	2
9	7	3	8	6	2	1	5	4

90

1	6	9	8	5	3	7	4	2
7	2	5	9	1	4	6	8	3
8	3	4	6	7	2	1	5	9
9	7	2	3	8	1	5	6	4
6	4	1	5	2	7	9	3	8
5	8	3	4	9	6	2	7	1
3	9	6	1	4	5	8	2	7
2	5	8	7	3	9	4	1	6
4	1	7	2	6	8	3	9	5

91

7	8	6	5	4	2	1	3	9
5	1	2	9	6	3	8	7	4
3	4	9	7	1	8	2	6	5
4	6	7	2	9	5	3	8	1
9	2	1	3	8	4	7	5	6
8	5	3	1	7	6	4	9	2
2	9	4	6	3	7	5	1	8
1	3	5	8	2	9	6	4	7
6	7	8	4	5	1	9	2	3

Level 7

92

9	8	4	6	1	7	3	5	2
6	5	2	3	8	9	7	1	4
3	1	7	2	5	4	9	8	6
7	3	1	4	9	8	2	6	5
2	9	6	5	3	1	4	7	8
5	4	8	7	2	6	1	3	9
1	7	5	9	6	2	8	4	3
8	6	9	1	4	3	5	2	7
4	2	3	8	7	5	6	9	1

93

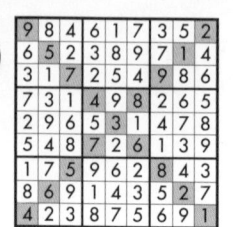

2	1	9	5	6	3	8	7	4
4	7	6	8	2	9	1	5	3
3	5	8	7	1	4	2	9	6
8	2	5	1	7	6	3	4	9
6	4	1	3	9	5	7	8	2
9	3	7	4	8	2	6	1	5
7	9	3	2	5	8	4	6	1
5	8	2	6	4	1	9	3	7
1	6	4	9	3	7	5	2	8

94

4	8	3	2	5	6	7	9	1
7	2	9	8	1	4	5	6	3
5	1	6	9	7	3	2	8	4
1	7	5	4	6	2	9	3	8
3	6	8	1	9	7	4	2	5
2	9	4	3	8	5	6	1	7
8	3	7	6	4	9	1	5	2
9	4	2	5	3	1	8	7	6
6	5	1	7	2	8	3	4	9

95

3	5	8	6	4	9	1	7	2
4	6	7	1	5	2	8	3	9
2	9	1	8	3	7	5	4	6
9	7	4	2	8	5	6	1	3
8	2	6	3	9	1	7	5	4
1	3	5	4	7	6	2	9	8
7	8	9	5	2	3	4	6	1
5	1	2	9	6	4	3	8	7
6	4	3	7	1	8	9	2	5

96

3	2	7	1	8	5	9	4	6
8	9	4	3	7	6	5	2	1
5	6	1	2	9	4	3	7	8
4	3	5	6	1	7	2	8	9
9	1	6	4	2	8	7	5	3
7	8	2	9	5	3	6	1	4
1	4	9	7	3	2	8	6	5
6	7	8	5	4	9	1	3	2
2	5	3	8	6	1	4	9	7

97

8	4	1	5	3	9	6	2	7
9	3	6	1	7	2	4	5	8
7	2	5	4	8	6	9	1	3
3	8	9	7	1	4	5	6	2
1	5	4	2	6	3	7	8	9
2	6	7	8	9	5	3	4	1
5	9	3	6	2	8	1	7	4
6	7	8	3	4	1	2	9	5
4	1	2	9	5	7	8	3	6

98

6	4	5	3	1	9	2	7	8
1	8	7	4	6	2	3	5	9
9	3	2	5	8	7	6	1	4
5	6	3	7	4	1	8	9	2
4	7	1	2	9	8	5	6	3
8	2	9	6	3	5	1	4	7
7	1	8	9	2	6	4	3	5
3	9	6	8	5	4	7	2	1
2	5	4	1	7	3	9	8	6

99

1	8	2	7	4	9	5	6	3
9	4	6	5	3	1	7	2	8
3	5	7	6	2	8	9	4	1
5	1	9	2	6	7	3	8	4
7	6	4	8	1	3	2	5	9
2	3	8	9	5	4	6	1	7
6	7	3	4	8	2	1	9	5
4	2	1	3	9	5	8	7	6
8	9	5	1	7	6	4	3	2

100

6	4	8	3	5	9	2	1	7
3	2	1	7	4	6	5	8	9
5	7	9	8	2	1	6	3	4
4	6	7	1	9	3	8	5	2
8	9	2	5	6	7	3	4	1
1	3	5	4	8	2	9	7	6
7	5	6	9	3	4	1	2	8
9	8	4	2	1	5	7	6	3
2	1	3	6	7	8	4	9	5

101

8	2	1	3	6	5	7	4	9
6	5	4	9	7	1	3	8	2
3	9	7	4	8	2	1	6	5
7	6	3	2	1	9	8	5	4
1	4	9	5	3	8	2	7	6
5	8	2	6	4	7	9	3	1
2	3	6	7	9	4	5	1	8
4	1	5	8	2	3	6	9	7
9	7	8	1	5	6	4	2	3

102

9	2	3	6	5	1	8	7	4
4	8	1	9	3	7	6	5	2
5	7	6	4	2	8	3	1	9
2	5	7	8	9	3	4	6	1
1	4	9	5	7	6	2	3	8
6	3	8	2	1	4	7	9	5
7	1	5	3	8	2	9	4	6
8	9	4	7	6	5	1	2	3
3	6	2	1	4	9	5	8	7

103

8	9	2	3	6	7	4	1	5
7	4	6	8	1	5	3	2	9
3	5	1	2	9	4	6	7	8
6	2	5	9	3	1	8	4	7
1	7	9	4	8	6	5	3	2
4	3	8	7	5	2	9	6	1
5	8	7	6	2	3	1	9	4
9	6	4	1	7	8	2	5	3
2	1	3	5	4	9	7	8	6

104

4	3	5	1	7	9	2	8	6
8	6	7	4	5	2	9	3	1
1	2	9	8	6	3	7	5	4
3	9	2	5	1	8	6	4	7
6	8	4	2	9	7	5	1	3
5	7	1	3	4	6	8	9	2
7	4	3	6	8	5	1	2	9
2	5	6	9	3	1	4	7	8
9	1	8	7	2	4	3	6	5

105

5	3	9	4	7	2	1	8	6
8	1	2	5	3	6	4	7	9
4	7	6	9	1	8	5	2	3
7	9	4	1	2	5	3	6	8
6	2	5	3	8	9	7	4	1
3	8	1	7	6	4	2	9	5
9	5	8	2	4	3	6	1	7
1	4	3	6	9	7	8	5	2
2	6	7	8	5	1	9	3	4

127

PUZZLE POCHETTE

著者紹介
スカイネットコーポレーション

ナンプレ(ナンバープレイス)・イラストロジック・脳トレ等の理数系パズルから、クロスワード・漢字パズル・ナンクロ等の文章系パズルまで、あらゆるジャンルのパズルを各分野の専門スタッフが作成する。
問題の提供先はパズル専門誌・雑誌・書籍・社内報・PR・広報誌、さらには携帯、Web等のデジタル媒体を含めると、その数は100を超える、日本でも数少ないプロのパズル制作会社。1992年設立。
ホームページ　www.skynet.cx/

ナンプレ超難問 熱闘編

著 者
スカイネットコーポレーション
発行者
西沢宗治
印刷所
長苗印刷株式会社
製本所
有限会社松本紙工
発行所
株式会社日本文芸社

〒101-8407　東京都千代田区神田神保町1-7
電話 03-3294-8931(営業)　03-3294-8920(編集)
URL http://www.nihonbungeisha.co.jp/
振替口座　00180-1-73081

＊

©2010 Skynet Corporation Printed in Japan
ISBN978-4-537-20791-0
112100225-112100225Ⓝ01
編集担当・村松

※乱丁・落丁などの不良品がありましたら、小社製作部宛にお送りください。
送料小社負担にておとりかえいたします。
法律で認められた場合を除いて、本書からの複写・転載は禁じられています。